Mineralogia

a ciência dos minerais

editores
PROF. DR. ANDERSON COSTA DOS SANTOS
GILMAR PACHÁ SILVA
ilustrações de ISAURA DA SILVA

MINERALOGIA: A CIÊNCIA DOS MINERAIS

Autores: MsC. Thais Mothé Maia/ Prof. Dr. Anderson Costa dos Santos (FGEL-UERJ)

Editores: Prof. Dr. Anderson Costa dos Santos/ Mestrando Gilmar Pachá Silva (FGEL-UERJ)

Revisores Científicos:

Prof. Dr. Werlem Holanda dos Santos/ Prof. Dr. Anderson Costa dos Santos (FGEL-UERJ)

Projeto de Extensão nº 5872 - Incorporação de tecnologia no aprendizado da geociência (desde 2018)

Revisores Ortográficos: Profª. Drª. Poliana Arantes/ Roberto Fernandes (ILE-UERJ)

Designer Gráfica: Isaura da Silva

ISBN: 978-65-5842-427-7

Apoio:

CNPq Museus Edital 2022

FAPERJ JCNE Edital 2022

Produtividade CNPq Edital 2021

PROCIÊNCIA editais 2020 e 2023

PR3-DEPEXT

FGEL-DMPI-UERJ

Grupos de Pesquisa: TEKTOS - GeoBioTec - IDL

Universidades Parceiras: UFOP - UFMG - UFBA - UnB - UFG - UFRJ

Editora Ciência Moderna Ltda.

R. Alice Figueiredo, 46 – Riachuelo

Rio de Janeiro, RJ – Brasil CEP: 20.950-150

Tel: (21) 2201-6662/ Fax: (21) 2201-6896

E-MAIL: LCM@LCM.COM.BR

WWW.LCM.COM.BR

Mineralogia CDD 549

01/25

AGRADECIMENTOS

Agradeço aos autores das cartilhas pelo empenho apresentado para sua consecução, aos revisores científicos e linguísticos, à Anna Caroline Costa dos Santos pela idealização da logo, à designer gráfica pela produção dos personagens e da diagramação. Agradeço ao prof. Hermínio Ismael de Araújo Júnior pela inspiração em criar as apostilas de divulgação científica. Não obstante, às entidades de fomento FAPERJ e CNPq pelo apoio financeiro no desenvolvimento dos trabalhos aqui apresentados. Por fim, dedico todos esses trabalhos à minha sobrinha Melina Costa de Carvalho, por ter me inspirado em transformar a linguagem científica em palavras simples para que a ciência seja universalmente compreendida.

Apresentação

Olá!

Você que está lendo esse trabalho, saiba que ele foi idealizado para que você conheça um pouco mais sobre o mundo das geociências! Conhecer e saber como o planeta em que vivemos evoluiu nos ajuda em muitas questões atuais como exploração de bens naturais econômicos, uso e recurso da água, dos oceanos, nos faz entender um pouco mais sobre climatologia, sobre os registros do passado e de que forma podemos pensar sobre o futuro.

Queremos te ensinar um pouquinho mais sobre geociências e transmitir o conhecimento para outras pessoas. Ela foi pensada para promover e instigar a sua curiosidade pela ciência e pelos cuidados com o Planeta Terra.

E aqui, nós vamos ser os seus guias nessa jornada! Vamos explorar juntos e aprender mais sobre as geociências de maneira fácil e divertida.

Então se prepare para embarcar em uma experiência rica em conhecimento com a gente!

Vamos lá?

SUMÁRIO

INTRODUÇÃO

A mineralogia é a ciência que se dedica ao estudos dos minerais. Os minerais, por sua vez, são substâncias que compõem todas as rochas que existem no planeta Terra. As pesquisas, descobertas e teorias nesta área abrangem muitos séculos, mas a prática mineralógica remonta ao tempo dos homens das cavernas. Há indícios de que pigmentos feitos a partir de óxidos de ferro e de manganês (que são considerados minerais nas formas de, por exemplo, hematita/magnetita e pirolusita, respectivamente), nas cores vermelho e preto, foram produzidos de forma natural e utilizados em pinturas de cavernas por seres humanos da Pré-História (Figura 01).

Figura 01 – Desenho feito por homens primitivos em caverna fabricado com pigmentos oriundo de óxidos de hematita e de manganês.
Fonte: Mundo Educação – UOL

Uma breve história sobre o Conhecimento da Mineralogia – Grandes Nomes e suas Contribuições

O grego Teofrasto (372-287 a.C) foi discípulo de Aristóteles e é considerado o fundador da mineralogia. Ele escreveu o '*De Lapidus*', que contém descrições de dezesseis minerais que foram base para a descoberta de alguns elementos químicos. No tempo depois de Cristo, Caio Plínio II (27-79 d.C) discutiu a natureza dos minerais e das rochas em sua obra '*Naturalis Historiae*' (77 d.C), na qual descreve mais de trinta minerais! Plínio foi naturalista, filósofo, historiador e político durante o Império Romano, e acabou falecendo na erupção do vulcão Vesúvio, na Itália. Muito anos depois, Georgius Agricola (Georg Bauer, 1494-1555) escreveu o '*De Re Metallica*' (Figura 02), que foi referência sobre minerais, rochas, mineração e metalurgia por um longo período. Nicolau Steno (Niels Stensen, 1638-1686), que era médico, naturalista e teólogo, observando a frequência dos ângulos entre as faces dos cristais, sugeriu a presença de uma ordem interna dos minerais. Steno também estabeleceu alguns fundamentos da estratigrafia* (veja a explicação na próxima página) e paleontologia que são até hoje referências para os geólogos. Seguindo a proposição de Steno, René Haüy (1743-1822), em 1784, sugeriu que a organização interna dos minerais consistia da organização geo-

métrica dos seus átomos, fato esse que explicaria a constância que é observada na forma externa dos cristais.

GEORGII AGRICOLAE
DE RE METALLICA LIBRI XII
FROBEN
BASILEAE M. D. LXI.

Figura 02 - Livro *'De Re Metallica'* escrito por Georgius Agricola.
Fonte: Wikipédia

| Mas o que é estratigrafia? |

É um ramo da Geologia que estuda as camadas de rochas, interpretando a ordem de superposição e sucessão entre elas e suas idades relativas. A estratigrafia "clássica", ou "antiga", analisa o empilhamento dos pacotes rochosos, em especial das rochas sedimentares, diferenciando-os segundo suas características e reconstruindo os paleoambientes (ambiente do passado geológico). Já a estratigrafia "moderna" investiga as mudanças que ocorreram ao longo do anos geológicos nos ambientes, buscando entender integralmente os eventos geológicos que deram origem ao pacote rochoso observado.

Jöns Jakob Berzelius (1779-1848) propôs uma classificação mineralógica baseada no radical aniônico ao perceber que minerais com o mesmo ânion* (veja abaixo a explicação) apresentavam propriedades físicas parecidas. Sua classificação foi consagrada e ainda é usada atualmente. Ainda nesse período, Friedrich Mohs (1773-1839) propôs uma escala relativa de dureza entre os minerais que também é referência entre os geólogos e segue sendo usada até os dias atuais.

Os minerais e rochas, além de serem observados a olho nu com o auxílio de uma lupa de bolso, também podem ser analisados no microscópio óptico (Figura 03). Em 1828, William Nicol (1770-1851) inventou o filtro polarizador de luz, marcando, assim, o início da análise microscópica dos minerais. Esse filtro é de grande importância para polarizar a luz, ou seja, fazer com que os raios de luz viagem em uma única direção, favorecendo a análise dos minerais nesse tipo de equipamento.

| Mas o que é um ânion? |

Um ânion é um íon com carga negativa. Ele é representado pelo símbolo negativo (-). Por exemplo:

Íon oxigênio - O^{2-}

Íon hidroxila - OH^-

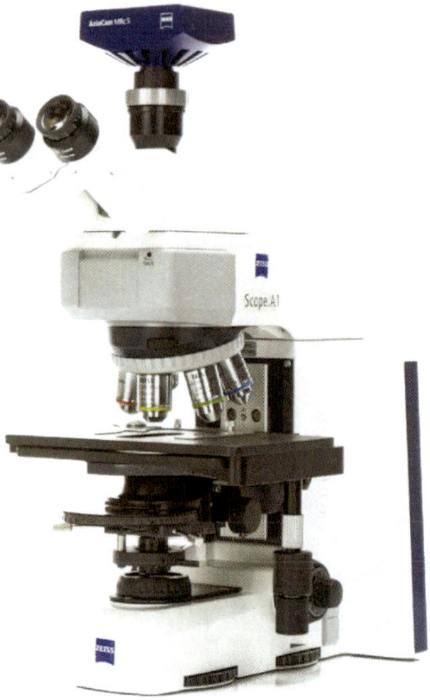

Figura 03 – Microscópio óptico.
Fonte: Zeiss

Em 1912, Max von Laue (1879-1959), a partir dos experimentos com difração de raios X (descoberto dezessete anos antes) em cristais, constatou a ordem interna da matéria cristalina (que tinha sido proposta anteriormente por Steno e René, lembra?). Em seguida, William H. Bragg (1862-1942) e seu filho, William L. Bragg (1890-1971), determinaram pela primeira vez uma estrutura cristalina por difração de raios X, em 1914. Em 1932, o primeiro microscópio eletrônico de varredura (MEV) foi criado por Ernst Ruska (1906-1988) e Max Knoll (1897-1969). O MEV nos permite analisar a morfologia dos minerais que não são visíveis no microscópio óptico. Seis anos depois, Albert E. Prebus (1913-1997) e James Hillier (1915-2007) construíram o primeiro microscópio eletrônico de transmissão. James ainda participou do desenvolvimento da microssonda eletrônica, equipamento que nos permite realizar microanálises químicas com alta precisão.

O Brasil também foi palco de importantes pesquisas que contribuíram para o estudo da Mineralogia. Em 1550, escrevendo ao rei Dom João III, o espanhol Felipe de Guilhem (1487-1571) contou sobre as esmeraldas e outras riquezas minerais brasileiras. Em 1576, o português Pero de Magalhães Gândavo (1540-1579) publicou 'História da Província de Santa Cruz' retratando as riquezas da terra brasileira. Nesse texto, Pero relata a presença de grãos miúdos amarelos e pedraria, sendo o primeiro relato da existência de ouro e outros cristais no Brasil.

Gabriel Soares de Souza (1540-1591) foi pioneiro nas pesquisas mineralógicas e geológicas no Brasil. Em 1597, o português publicou o 'Tratado Descritivo do Brasil', no qual, além de reportar as pedras utilizadas na construção dos arredores da cidade de Salvador, escreveu sobre a existência de ouro, prata, esmeralda, cobre e minérios de ferro. André Antonil (1649-1716) junto com outros naturalistas europeus lideraram a fase das expedições científicas pelo Brasil. André foi o primeiro a usar o termo ouro preto como referência às pepitas escuras encontradas na atual cidade de Ouro Preto em Minas Gerais.

José Bonifácio de Andrada e Silva (1763-1838), que além do seu papel importante na independência do Brasil, descobriu quatro minerais: escapolita, criolita, espodumênio e petalita, a qual posteriormente permitiu a descoberta do elemento químico Lítio, que é bastante utilizado nas pilhas, baterias e em medicamentos. O mineral andradita (Figura 04), espécie mineral do grupo da granada, foi nomeado em sua homenagem. Muitos pesquisadores do mundo todo, além dos minerais, também

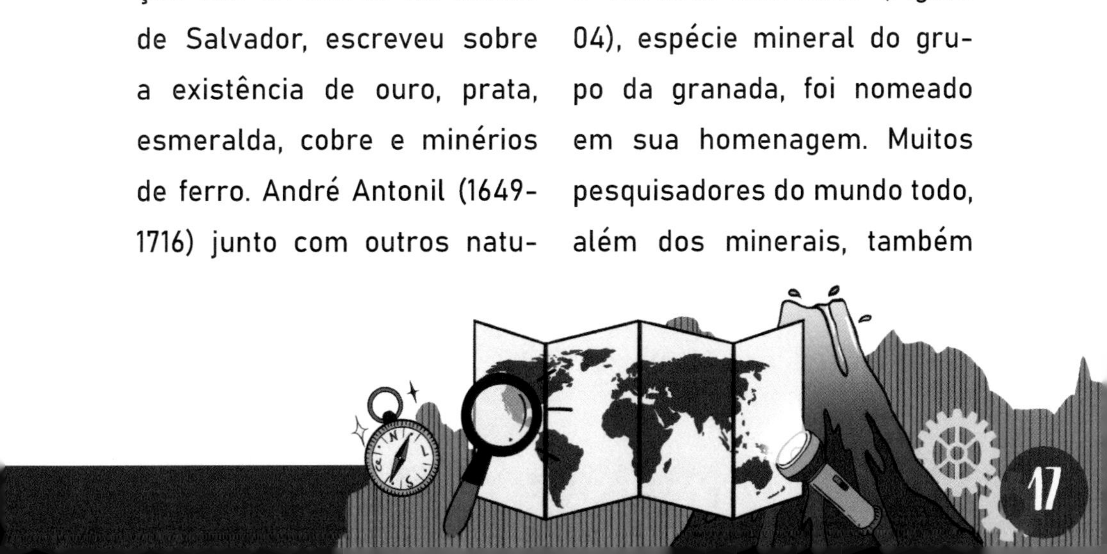

coletaram em terras brasileiras grande quantidade de espécimes de flora e fauna, levando o acervo para suas cidades natais.

Figura 04 – Mineral andradita.
Fonte: Cristais de Curvelo

Até o século XIX, o conhecimento da mineralogia já era bem grande, porém ainda pouco difundido porque não se tinha um material de consulta e de fácil acesso. Foi por isso que James D. Dana (1813-1895) publicou uma sequência de obras que são até hoje guias conceituados, como o Sistema de Mineralogia (1837) e Manual de Mineralogia (1848). Atualmente, o conhecimento da mineralogia é difundido através de canais diversos. A revista *'Reviews in mineralogy and geochemistry'* (Revisões em mineralogia e geoquímica – tradução livre) consiste numa série de volumes de autoria múltipla, contendo revisões da literatura e avanços na mineralogia teórica e/ou aplicada, cristalografia, petrologia e geoquímica. Os volumes são hoje publicados conjuntamente pela Sociedade de Mineralogia da América e Sociedade de Geoquímica. Além das obras de James Dana citadas anteriormente, outros livros de referência hoje em dia são 'Introdução aos Minerais formadores das Rochas' escrito por William Deer, Robert Howie e Jack Zussman (três edições), 'Dana's New Mineralogy' de Richard Gaines, Catherine Skinner, Eugene Foord, Brian Mason e Abraham Rosenzweig, 'Manual de Ciência dos Minerais' redigido por Cornelis Klein e Barbara Dutrow, e os cinco volumes da série Handbook of Mineralogy' elaborados por John W. Anthony, Richard A. Bideaux, Kenneth W. Bladh, e Monte C. Nichols, publicados Sociedade de Mineralogia da América e se encontram disponíveis online (http://www.handbookofmineralogy.org/).

Afinal, o que é um Mineral?

Os minerais são os constituintes fundamentais das rochas. Um mineral é definido como uma substância sólida e cristalina, de ocorrência natural, que apresenta uma composição química e estrutura interna definida e geralmente inorgânica. Vamos discutir cada uma dessas premissas:

Substância sólida → Os materiais sólidos apresentam uma posição fixa para os átomos, ou seja, têm uma forma própria definida e não fluem espontaneamente, como as substâncias líquidas e gasosas.

Substância cristalina → Os átomos (minúsculas partículas da matéria) que compõem os minerais estão or-

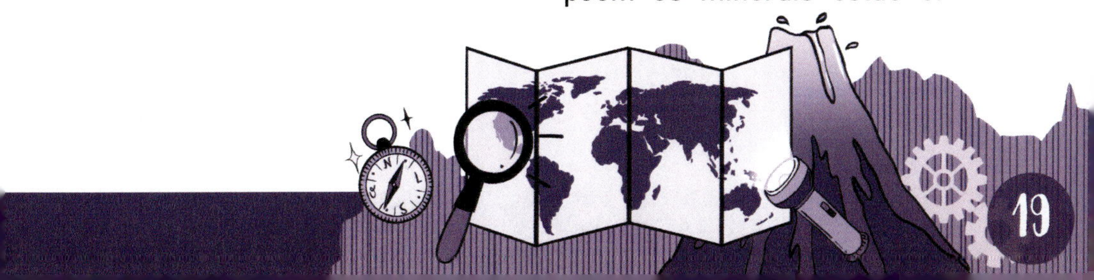

ganizados em um arranjo tridimensional ordenado e que se repete. Chamamos esse arranjo de estrutura cristalina. Mesmo cristais com faces irregulares (Figura 05), grãos ou fragmentos de minerais apresentam essa estrutura interna organizada. Os materiais sólidos que não apresentam um arranjo ordenado são chamados de amorfos, como, por exemplo, o vidro vulcânico (conhecido como obsidiana; Figura 05).

Figura 05 – À esquerda, cristal de quartzo rosa, que, mesmo com planos irregulares (nesse caso, chamadas de fratura conchoidal), apresenta uma estrutura cristalina; e à direita obsidiana, um material amorfo.
Fontes: Instituto de Geociências: IGc – USP

Ocorrência natural → Os minerais são gerados a partir de situações naturais. Dessa forma, as substâncias sintéticas e artificiais produzidas em laboratórios industriais e de pesquisa não podem ser consideradas minerais, mesmo que apresentem as mesmas propriedades e composição química de seus equivalentes naturais.

Composição química definida → Um mineral apresenta uma composição química específica, que não é necessariamente fixa, podendo variar dentro de limites definidos. Por exemplo, o quartzo é composto pelos elementos químicos silício (Si) e oxigênio (O) que se combinam de uma forma definida, representada pela fórmula SiO_2 (proporção de um átomo de Si para dois de O). Porém, a maioria dos minerais não apresenta uma composição química fixa, já que a quantidade e proporção de seus cátions podem variar dentro de certos padrões (a depender do tamanho e carga). Um exemplo, é a olivina (Figura 06), cuja composição pode variar entre Fe^{+2} ou Mg^{+2}, sendo expressa pela fórmula $(Mg,Fe)SiO_2$, formando, assim, o que chamamos de solução sólida.[1]

Figura 06 – À esquerda, a forsterita, que é uma olivina magnesiana (Mg_2SiO_4); e direita, a fayalita, que é uma olivina rica em ferro (Fe_2SiO_4). A olivina é um silicato do subgrupo dos nesossilicatos (para mais informações consultar fonte).
Fontes: IGc – USP e Foro Mineral

Geralmente inorgânica → Em geral, os minerais são formados por processos inorgânicos, o que excluiria os materiais orgânicos formados a partir da atividade das plantas e de animais, como o âmbar. Mas alguns pesquisadores reconhecem que as substâncias produzidas pelo metabolismo de organismos podem ser consideradas minerais (se preencherem os demais requisitos da definição). Um exemplo são as conchas que são compostas principalmente por carbo-

[1] Uma solução sólida é uma mistura em estado sólido de dois ou mais componentes que constituem uma fase única.

nato de cálcio ($CaCO_3$), em um dos seus polimorfos[2], a aragonita, apresentando a mesma composição química e estrutura cristalina do mineral calcita.

Curiosidade

O âmbar pode representar um importante registro fossilífero! Esse material nada mais é que a resina solidificada produzida pelas árvores. Por se tratar de uma substância pegajosa, alguns animais, principalmente insetos, como mosquitos e formigas, podem ficar presos nessa resina, sendo futuramente encontrados no interior do âmbar.

Figura 07 - Âmbar com inseto aprisionado em seu interior.
Fonte: InfoEscola

Figura 08 - Geleira da Antártica.
Fonte: CNN Brasil

Você Sabia...

que o gelo é um mineral?

Mas atenção, apenas o gelo das geleiras e icebergs ein! Pois é, pode parecer engraçado, mas o gelo encontrado nas geleiras atende todas as proposições de um mineral. É um material sólido, cristalino, inorgânico, produzido de forma natural e apresenta uma composição química específica, H_2O.

[2] O polimorfismo é quando os minerais apresentam a mesma composição química, porém estruturas cristalinas diferentes, e, com isso, exibem propriedades físicas diferentes. Um exemplo são os três polimorfos do grupo Al_2SiO_5: cianita, sillimanita e andaluzita.

COMO SE FORMAM OS MINERAIS?

Os minerais são formados a partir de diferentes processos que ocorrem na natureza, sendo os principais:

Cristalização → À medida que o magma* (veja a explicação na próxima página) se resfria, os minerais vão se cristalizando, ou seja, se formando (Figura 09). Então tem minerais que apresentam alta temperatura de cristalização e se formam primeiro, como a olivina e o plagioclásio cálcico, e minerais que se cristalizam mais tardiamente por apresentarem baixa temperatura de cristalização, como o quartzo e a muscovita. E essa ordem de cristalização é dada segundo a série de Bowen[3] (Figura 10).

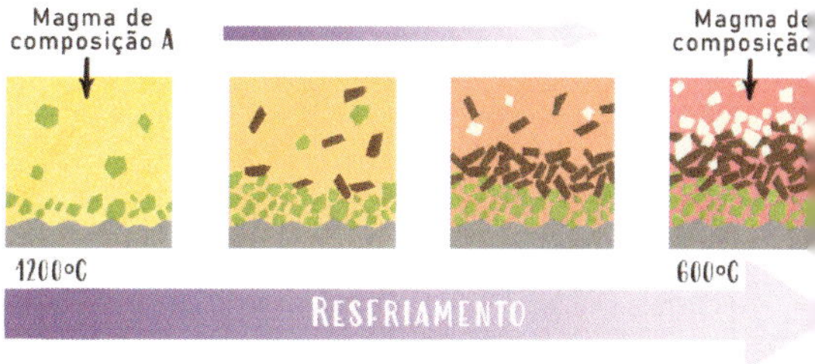

Figura 09 – Modelo esquemático da cristalização dos minerais. No início, temos a formação dos minerais (em verde e marrom) de mais alta temperatura de cristalização, e nas etapas finais, os minerais (em branco) que se cristalizam apresentam mais baixa temperatura de cristalização.
Fonte: modificado de União Europeia de Geociências

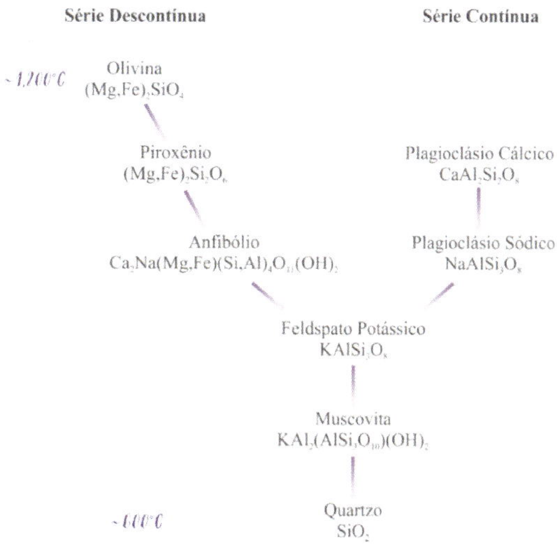

Figura 10 – Série de Bowen.
Fonte: a autora

[3] A Série de Bowen expõe de uma forma simplificada a ordem do processo de cristalização dos magmas, que ocorre com mudanças na temperatura e na composição química do magma remanescente.

A série descontínua (Figura 10) corresponde a formação de uma sequência de minerais com diferentes estruturas internas e composições químicas. Já a série contínua é representada pela família dos plagioclásios (tectossilicatos[4] da família dos feldspatos), e se cristalizaram substituindo a proporção entre sódio e cálcio em sua composição (a soma total desses dois elementos deve ser 100% em peso), mantendo a mesma estrutura do retículo cristalino.

| Mas o que é magma? |

Quando as rochas atingem uma temperatura e uma pressão suficientes para "derretê-las" ou corretamente, fundí-las, elas começam a sofrer o processo que chamamos de fusão parcial. O líquido quente gerado é conhecido como magma.

Precipitação a partir de soluções saturadas → Ocorre quando se tem uma solução que é a mistura de soluções químicas, por exemplo a água e o sal. À medida que a água evapora, a concentração de sal aumenta, até ficar tão alta que a solução fica saturada em sal. Se a evaporação continua, o sal começa a se precipitar, ou seja, começa a formar cristais (Figura 11). Um exemplo é o mineral halita, formado quando a água do mar evapora até o ponto de saturação em baías e lagos.

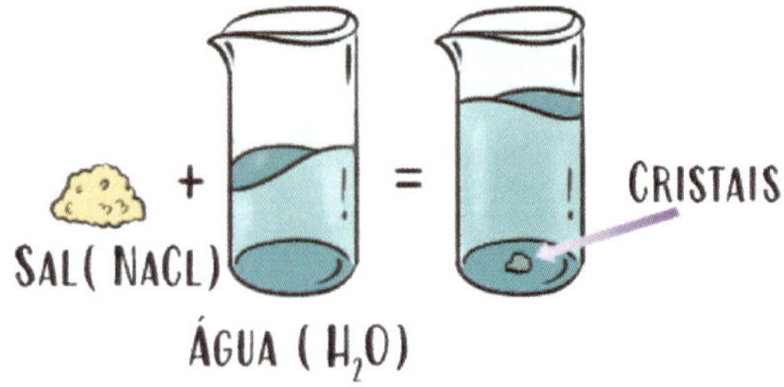

Figura 11 – Processo de precipitação de minerais a partir de uma solução saturada
Fonte: a autora

[4] A família dos tectossilicatos abrange os minerais formados por uma rede tridimensional de tetraedros de sílica (SiO_2). Para mais informações, visite https://didatico.igc.usp.br/minerais/silicatos/tectossilicatos/

Reação entre fluidos e minerais → As soluções aquosas são agentes de alteração e modificação dos minerais (Figura 12). As soluções podem estar tanto em baixas temperaturas, como no intemperismo (água da chuva, por exemplo), ou em altas temperaturas, como no hidrotermalismo.

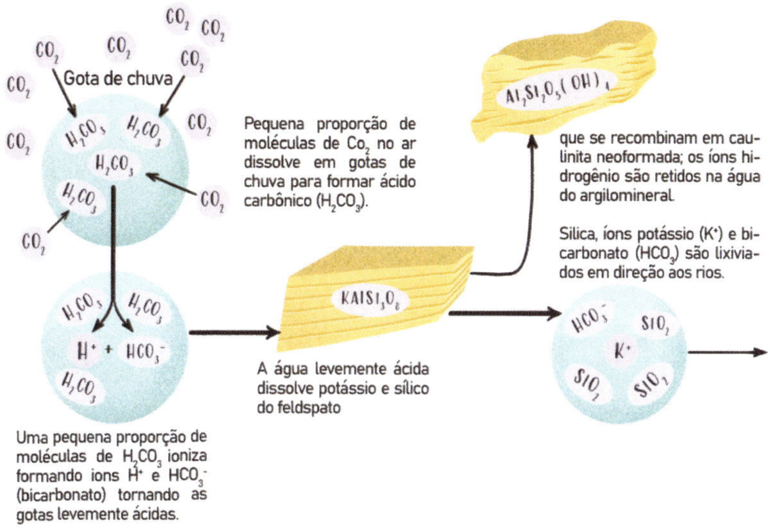

Figura 12 – Nesse exemplo, temos a água da chuva que reage com o CO_2 do ar, e forma uma solução levemente ácida com íons de H^+ e bicarbonato. Essa solução, quando interage com o feldspato, por exemplo, o dissolve, formando a caulinita, que é um argilomineral resultado dessa alteração. Essa interação química também pode acontecer com o piroxênio formando hematita. Fonte: modificado de Press et al., (2013)

NOMENCLATURA

A nomenclatura dos minerais é controlada por uma comissão internacional, a Comissão para Novos Minerais e Nomes de Minerais que está vinculada à Associação Internacional de Mineralogia (tradução livre de *Commission on*

New Minerals, Nomenclature and Classification (CNMNC) *of the International Mineralogical Association* (IMA; https://mineralogy-ima.org/)). Em seu site (http://cnmnc.main.jp/) você pode baixar a lista completa atualizada com todos os minerais existentes atualmente. Em português, a nomenclatura dos minerais costuma apresentar o sufixo "ita", como por exemplo, dolomita e cianita, ou ser nomes já consagrados, como o quartzo e a galena. Os nomes podem indicar:

(i) alusão a cor, exemplo: **albita**, que do latim albus significa branco, em referência a sua coloração (Figura 13);

(ii) a localização de descoberta, exemplo: **brasilianita**, devido sua descoberta em terras brasileiras;

(iii) as propriedades físicas, exemplo: **magnetita**, relativo ao seu magnetismo, propriedade diagnóstica (Figura 13);

(iv) o elemento químico predominante, exemplo: **cromita**, devido a grande quantidade de cromo em sua composição ($FeCr_2O_4$);

(v) uma homenagem a alguma pessoa pública, exemplo: **andradita**, como já citado anteriormente, é uma homenagem a José Bonifácio de Andrada e Silva.

Figura 13 - Acima, a albita; e abaixo, a magnetita.
Fontes: IGc - USP

Classificação

Lembra que na história do conhecimento da mineralogia falamos que foi proposta uma classificação baseada no grupo aniônico? Isso porque os minerais com o mesmo ânion expõem propriedades físicas e morfológicas semelhantes, o que não é observado nos minerais com mesmo cátion. Então, de acordo com o radical aniônico, podemos agrupar os minerais em oito classes principais:

(i) silicatos: $(SiO_4)^{4-}$, que são subdivididos em cinco subgrupos: tectossilicatos, inossilicatos, nesossilicatos, filossilicatos, sorossilicatos e ciclossilicatos (veja https://didatico.igc.usp.br/minerais/silicatos/ para mais informações).

Figura 14 - Exemplo: Diopsídio ($CaMgSi_2O_6$)
Fonte: IGc – USP

(ii) fosfatos: $(PO_4)^{3-}$

Figura 15 - Exemplo: Apatita ($Ca_5(PO_4)_3$).
Fonte: IGc – USP

(iii) carbonatos: $(CO_3)^{2-}$

Figura 16 - Exemplo: Malaquita ($Cu_2(CO_3)(OH)_2$)
Fonte: IGc – USP

(iv) sulfatos: $(SiO_4)^{4-}$

Figura 17 - Exemplo: Gipsita ($CaSO_4.2H_2O$)
Fonte: IGc – USP

(v) sulfetos: S^- ou S^{2-}

Figura 18 - Exemplo: Calcopirita ($CuFeS_2$)
Fonte: IGc – USP

(vi) haletos: F^-, Cl^-, Br^-, I^-

Figura 19 - Exemplo: Fluorita (CaF_2)
Fonte: IGc – USP

(vii) óxidos e hidróxidos: $O2^-$ e OH^-

Figura 20 - Exemplo: Rutilo (TiO_2)
Fonte: IGc – USP

(viii) elementos nativos: nenhum ânion definidor

Figura 21 - Exemplo: Enxofre (S)
Fonte: IGc – USP

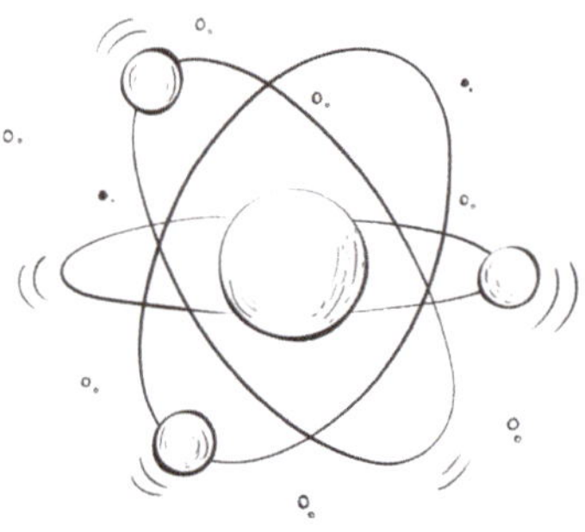

E como identificamos um Mineral?

Como os minerais têm a sua estrutura cristalina particular e uma química específica, estes podem ser reconhecidos a partir de suas propriedades físicas externas, que serão fundamentais para sua identificação. As propriedades podem ser agrupadas na aparência do mineral (forma cristalina, hábito), propriedades ópticas (transparência/diafaneidade, brilho, cor, cor de traço, luminescência, dupla refração), propriedades mecânicas (clivagem, partição, fratura, geminação, dureza e tenacidade), e outras propriedades diagnósticas (magnetismo, radioatividade, reatividade a ácido).

(i) aparência:

Forma cristalina → Forma geométrica regular que está relacionada com o sistema cristalino do mineral. Então podemos ter uma forma cúbica (Figura 22), romboédrica, octaédrica (Figura 13), dodecaédrica (Figura 22), dentre outras.

Figura 22 – Acima, pirita com hábito cúbico; e abaixo, granada com forma dodecaédrica, ou seja, com doze faces
Fontes: IGc – USP

Hábito → É o formato externo como o mineral costuma crescer. Temos o hábito prismático, laminar, fibroso (Figura 23), botrioidal, dendrítico e acicular (Figura 23).

Figura 23 – Acima, crisólita com hábito fibroso; e à esquerda, tremolita com hábito acicular.
Fontes: Wikipédia

(ii) propriedades ópticas:

Transparência/diafaneidade → É a capacidade que um mineral tem de permitir a passagem da luz por ele (Figura 24). Os minerais, então, podem ser transparentes, quando um objeto pode ser visto através deles; translúcidos, quando são capazes de transmitir a luz, mas difusamente, e os objetos não podem ser vistos através deles; e opacos quando são impenetráveis à luz visível.

Figura 24 – Acima (à esquerda), topázio transparente; acima (à direita), gipsita translúcida; e abaixo, goethita opaca.
Fontes: IGc – USP

Brilho → Como o mineral reflete a luz refletida. Definir o brilho é algo bem instintivo, já que este remete a aparência do mineral (Figura 25). Temos o brilho metálico (Figura 22), vítreo, resinoso, nacarado (aspecto de pérola), sedoso, adamantino (remete a diamante), gorduroso/graxo e terroso.

Figura 25 - À esquerda, quartzo com brilho vítreo; e acima, esfalerita com brilho resinoso. Fontes: IGc - USP

Cor → Está diretamente relacionada com a química mineral, principalmente, e com sua estrutura. Um elemento químico essencial ao mineral pode ser o causador da cor, ou um mineral pode apresentar cor variável de acordo com a composição química ou com a presença de impurezas.

Cor de traço → Ao riscar o mineral contra uma placa de porcelana (não vitrificada), a cor do pó obtido é chamada de cor

de traço (Figura 26). A cor do mineral e a cor do seu traço não precisam ser iguais, mas o traço sempre terá a mesma cor.

Figura 26 - Cor do traço da bornita, pirita, galena e hematita.
Fonte: IGc - USP

CURIOSIDADE

Fenômeno da dupla refração

Muitos minerais mostram, em geral, dupla refração da luz, que é quando um raio de luz penetra no mineral e se desdobra em dois raios. Na maioria dos minerais essa dupla refração é pequena e só pode ser vista com instrumentos especiais. A calcita é uma exceção, pois exibe dupla refração muito forte que pode ser observada a olho nu, sem nenhum equipamento específico.

Figura 27 - Calcita e sua dupla refração característica, chamada também de birrefringência.
Fonte: Dirk Wiersma / Science Photo Library

(iii) propriedades mecânicas:

Clivagem → Quando o mineral é exposto a uma força externa, a clivagem é a tendência que ele tem em se romper ao longo de superfícies planas com direções definidas (ver vídeo em 'Propriedades e Identificação de Minerais' > 'Clivagem' https://didatico.igc.usp.br/minerais/identificacao-de-minerais/). Esse rompimento se dá nas direções de fraqueza da estrutura interna. A clivagem pode ser descrita pela sua qualidade (perfeita, boa, regular, má, ausente), pelo número das direções e pela orientação dos planos de clivagem (Figura 28).

Figura 28 – Calcita com clivagem perfeita em três direções (romboédrica).
Fonte: IGc – USP

Fratura → Quando o mineral não segue superfícies planas e com direções definidas ao se romper. Temos alguns padrões de fratura, como: concoidal/conchoidal, quando resulta numa superfície arredondada, assemelhando-se a uma concha (Figura 05); fibrosa ou estilhaçada, ao produzir fibras ou estilhaços; serrilhada, quando se produz arestas afiadas, com bordas cortantes; desigual ou irregular, quando resulta em superfícies rugosas e irregulares, sem nenhum padrão.

Geminação → Quando os minerais se apresentam intercrescidos de forma regular (Figura 29). Pode ser simples quando envolve dois indivíduos intercrescidos ou múltipla quando une um número maior de indivíduos.

Figura 29 – Geminação em cruz da estaurolita, propriedade bem diagnóstica desse mineral. Fonte: IGc – USP

Dureza → É a resistência ou facilidade que a superfície de um mineral mostra ao ser riscada por um outro mineral ou algum material. Como falamos lá na história da mineralogia, Mohs definiu uma escala relativa de dureza (Figura 30), sendo escolhida uma série de dez minerais para essa comparação.

(iv) outras propriedades úteis:

Magnetismo → Quando o mineral é atraído por um imã.

Radioatividade → Quando o mineral emite espontânea, contínua e naturalmente radiação (Figura 31).

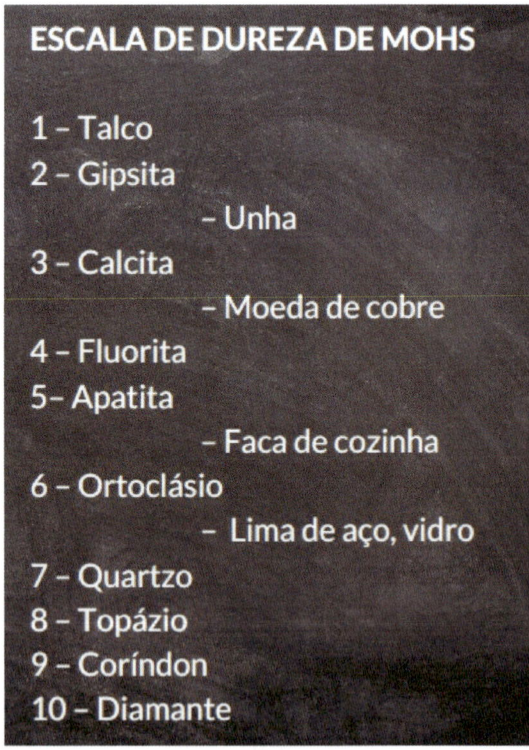

Figura 30 – Escala relativa de dureza de Mohs. Fonte: a autora

Figura 31 - Minerais radioativos.
Fonte: Saga Consultoria

Reatividade a ácido → Alguns minerais sofrem reação quando entram em contato com determinada substância. Por exemplo, a calcita se dissolve em contato com ácido clorídrico (HCl). Ela libera dióxido de carbono que borbulha no líquido, produzindo a "efervescência". Os óxidos de manganês reagem quando entram em contato com água oxigenada (H_2O_2).

Minerais no nosso Cotidiano

Os minerais estão mais presentes no nosso dia a dia do que imaginamos. Na maioria das vezes indiretamente, isso porque grande parte dos minerais precisam passar por um processamento para que sua composição seja passível de uso. Esse material processado, junto com outros componentes são manuseados, então, para gerar produ-

tos como tijolos, pilhas e baterias, fertilizantes, cimento, vidro, utensílios de alumínio, dentre mais uma infinidade de materiais. Alguns outros exemplos são:

Figura 32 - O cobre, que é um elemento nativo, é utilizado em fiações elétricas e em praticamente todos os equipamentos eletrônicos que usamos, como televisões e celulares.
Fonte: Vale

Figura 33 - Os argilominerais são usados na fabricação de louças, porcelanas e cerâmicas. O talco (foto), um exemplo de argilomineral, é usado na escovação de arroz, para deixá-lo branco e lisinho.
Fonte: IGc - USP

Figura 34 - O ferro utilizado como matéria-prima para fabricação do aço normalmente se encontra na forma de óxidos, como a hematita (foto) e magnetita (Figura 13).
Fonte: IGc - USP

Figura 35 - O sal de cozinha é proveniente da halita (cloreto de sódio).
Fonte: IGc - USP

Figura 36 - A muscovita, que é uma mica, está presente na maquiagem, e normalmente as purpurinas e glitters que são vendidos como biodegradáveis, são feitos com as micas.
Fonte: IGc - USP

Figura 37 - O quartzo (Figura 25) e a galena (foto) estão presentes na tela dos computadores.
Fonte: IGc - USP

Viu como a pesquisa da mineralogia é importante para outros campos científicos?

CURIOSIDADE

Alguns minerais são considerados gemas, que são usadas como adorno pessoal ou ornamentação, e apresentam um valor material superior aos dos demais minerais.

Figura 38 - Amazonita, uma variedade verde do feldspato microclina. Nomeada por causa do estado do Amazonas, onde possivelmente foi encontrada pela primeira vez.
Fonte: Pinterest

Mas o que faz das gemas tão especiais?

As gemas precisam apresentar três atributos principais:

Beleza: bom, beleza é um fator subjetivo né? Mas aqui ela depende de condições práticas, como a intensidade e tonalidade da cor, e a transparência.

Durabilidade: é influenciada pela dureza e estabilidade sob efeito de luz, calor e agentes químicos.

Raridade: fator mais importante, que depende da oferta e demanda da gema.

Exemplos: diamante, rubi e safira (variedades do coríndon), topázio imperial, amazonita (variedade do feldspato), dentre outras.

Onde Visitar?

Ficou curioso para conhecer os minerais pessoalmente e de perto? Alguns museus de fácil acesso que possuem um acervo de ciências da Terra, com coleções de minerais: na cidade do Rio de Janeiro temos o Museu Nacional, vinculado à Universidade Federal do Rio de Janeiro (UFRJ) e o Museu de Ciências da Terra (Figura 39), responsabilidade do Serviço Geológico do Brasil - CPRM. Em São Paulo, encontram-se o Museu de Geociências do Instituto de Geociências da Universidade de São Paulo (USP) e o Museu Geológico Valdemar Lefèvre do Instituto Geológico de São Paulo. No estado de Minas Gerais encontra-se o famoso Museu de Ciência e Técnica da Escola de Minas da Universidade Federal de Ouro Preto (UFOP) (Figura 40). Em Salvador, temos o Museu Geológico da Bahia, assim como exposições no prédio do Instituto de Geociências da Universidade Federal da Bahia (UFBA).

Figura 39 - Museu de Ciências da Terra, localizado na cidade do Rio de Janeiro (RJ).
Fonte: CPRM

Figura 40 - Museu de Ciência e Técnica da Escola de Minas da UFOP, localizado na cidade de Ouro Preto (MG).
Fonte: Guia das Artes

ATIVIDADE 1

DESCUBRA O PORQUÊ!

Qual será o porquê dos nomes dos seguintes minerais?

Figura 41 - Titanita.
Fonte: IGc – USP

Figura 42 - Rodocrosita.
Fonte: IGc – USP

Figura 43 - Estaurolita.
Fonte: IGc – USP

ATIVIDADE 2

O QUE VOCÊ VÊ?

Descreva o que você observa nos seguintes minerais de acordo com as propriedades físicas externas que estudamos.

Figura 44 - Pirita.
Fonte: IGc – USP

Figura 45 - Fluorita.
Fonte: IGc – USP

Figura 46 - Calcita.
Fonte: IGc – USP

ATIVIDADE 3

HORA DE PENSAR!

Você saberia nomear algum mineral que está presente na sala da sua casa? Ou no seu quarto, no banheiro, na cozinha? E na sua rua?

Gabarito

A SEGUIR VEM O NOSSO GABARITO!

ENTÃO NÃO ESPIE SE NÃO TIVER TERMINADO AS ATIVIDADES.

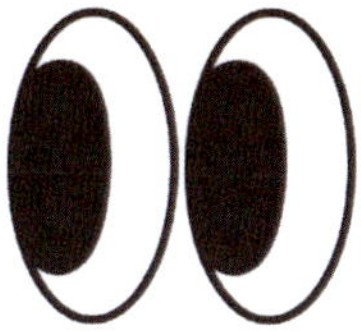

GABARITO

Agora vamos ver os gabaritos das atividades anteriores.

ATIVIDADE 1

Titanita: devido ao elemento químico predominante, o titânio (Ti). Fórmula química da titanita: $CaTiSiO_5$.

Rodocrosita: alusão a sua cor rosada.

Estaurolita: nome derivado dos termo gregos 'stauros' (cruz) em referência a sua geminação (ou seja, a uma propriedade física) em forma de cruz.

ATIVIDADE 2

Pirita

Forma cristalina: cúbica

Hábito: prismático

Diafaneidade: opaca

Brilho: metálico

Cor: dourado

Cor do traço: esverdeado

Curiosidade: é conhecida como 'ouro de tolo' devido ao seu brilho e colocação dourada que podem ser confundidos com o ouro.

Fluorita

Forma cristalina: octaédrica

Hábito: prismático

Diafaneidade: translúcida

Brilho: resinoso

Cor: esverdeada (da figura)

Dureza (a partir da escala de Mohs): 4

Propriedade característica do mineral: fluorescência

Calcita

Forma cristalina: romboédrica

Hábito: prismático

Diafaneidade: transparente

Brilho: vítreo

Dureza (a partir da escala de Mohs): 3

Propriedade característica do mineral: reatividade em contato com ácido clorídrico e dupla refração.

Atividade 3

Como visto ao longo do tópico 'Minerais no nosso cotidiano', alguns exemplos são: o cobre que é utilizado para fabricação de equipamentos eletrônicos, como televisões presentes na sua casa; na cozinha temos a halita presente na forma de sal e o talco utilizado no arroz; os argilominerais usados na fabricação de cerâmica estão presentes no azulejo do seu banheiro; para fabricação dos cabos elétricos presentes na rua é necessário aço, cuja matéria prima é o ferro, que é encontrado na forma de óxidos, como a hematita e magnetita.

REFERÊNCIAS

Dana, J.D. 1978. Manual de Mineralogia. Volumes 1 e 2. Rio de Janeiro: Livros Técnicos e Científicos Editora S.A, 1978.

Della Fávera, J.C. 2001. Fundamentos de Estratigrafia Moderna. 264 p. ISBN: 8575110012

Klein, C.; Dutrow, B. 2012. Manual de Ciência dos Minerais. 23ª edição. Porto Alegre: Bookman. 716 p. ISBN 978-85-7780-963-9. Disponível em: https://dageoufba.files.wordpress.com/2013/08/manual-de-cic3aancia-dos-minerais-klein-e-dutrow.pdf

Press, F., Siever, R., Grotzinger, J., Jordan, T.H. 2013. Para Entender A Terra. 6ª edição. Bookman. ISBN 0-7167-9617-1

Teixeira, W., Toledo, M.C.M., Fairchild, T.R., Taioli, F. 2000. Decifrando a Terra, 1ª edição. Editora Oficina e Textos: São Paulo, 2000. 568 p. ISBN 85-86238-14-7